越读越聪明的 数学思维 故事

苏超峰 著

胖胖虎数学解谜

四川少年儿童出版社

目 录

hǎi fēng qīng qīng chuī guò hǎi làng de
海风轻轻吹过，海浪的
huā huā shēng hé sēn lín de shā shā shēng jiāo zhī
哗哗声和森林的沙沙声交织
zài yì qǐ jiù xiàng yì shǒu dòng tīng de yáo
在一起，就像一首动听的摇
lán qǔ ràng shān jiǎo xià de sēn lín xiǎo zhèn
篮曲，让山脚下的森林小镇
jiàn jiàn jìn rù mèng xiāng
渐渐进入梦乡……

一、面试
YI MIANSHI

sēn lín jǐng chá jú yào zhāo pìn yì míng
森 林 警 察 局 要 招 聘 一 名

jǐng chá zhāo pìn qǐ shì yì gōng bù jiù
警 察 。 招 聘 启 事 一 公 布 ， 就

xī yǐn le hěn duō dòng wù qián lái bào míng jīng
吸 引 了 很 多 动 物 前 来 报 名 。 经

guò qián qī de wén huà kǎo shì hé tǐ néng cè
过 前 期 的 文 化 考 试 和 体 能 测

shì jué dà duō shù yìng pìn de dòng wù dōu
试 ， 绝 大 多 数 应 聘 的 动 物 都

bèi táo tài le zhǐ yǒu dà huáng gǒu cháng
被 淘 汰 了 ， 只 有 大 黄 狗 、 长

bì yuán hé pàng pang hǔ jìn rù le miàn shì
臂 猿 和 胖 胖 虎 进 入 了 面 试 。

miàn shì zhè yì tiān dà xiàng jú zhǎng
面 试 这 一 天 ， 大 象 局 长

一大早就来到办公室，拿起三位应聘者的资料看了起来。

进入面试的三位应聘者都很优秀，怎样才能从他们中间挑选出最优秀的人才呢？大象局长靠在椅背上，认真地思索着。很快，他就有了主意。

面试开始了。大黄狗、长臂猿和胖胖虎被请进了大象局长的办公室。

"当警察不光要身体好，还要会动脑筋。"大象局长指着墙上的森林小镇街道示

意图，对三位应聘者说，"有
甲、乙两名警察，分别在森
林西站和森林邮局执行任务。
这时，两人接到命令，要求他
们立即巡逻完森林小镇的全部

街道，然后回警察局报到。假
如两人的速度相同，请问，谁
先回到警察局？"

"我知道了！"大象局长
刚说完题目，大黄狗就兴奋
地回答，"是警察乙，因为他
离警察局最近！"大象局长
看了大黄狗一眼，失望地摇
了摇头。

"两人的速度相同，要想
先回到警察局，就要尽量不
走或者少走重复路……"长臂
猿皱着眉头，认真地思考着。

可他想来想去，却始终想不出答案来，急得他直抓脑袋。

胖胖虎盯着示意图看了一会儿，很快就找到了这道题的规律。他自信地说："报告局长，我知道答案了。"

听完胖胖虎的回答，大象局长高兴地说："胖胖虎，祝贺你通过面试，成为一名光荣的森林警察！"

cōng míng de xiǎo péng yǒu　　nǐ
聪 明 的 小 朋 友 ， 你

zhī dào shì nǎ wèi jǐng chá zuì xiān huí
知 道 是 哪 位 警 察 最 先 回

dào jǐng chá jú ma
到 警 察 局 吗 ？

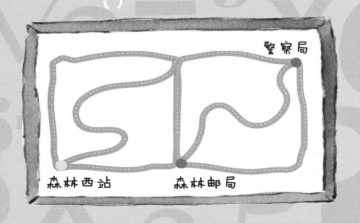

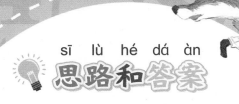

思路和答案

警察甲从森林西站出发，可以不走重复路完成巡逻，而警察乙从森林邮局出发，无论如何都不可能不走重复路回到警察局。所以警察甲先回到警察局。

二、顽皮的小猴子
ER WANPI DE XIAO HOUZI

天色渐渐暗了下来，空气中不时飘来一阵饭菜的香味，惹得胖胖虎的肚子咕咕地叫了起来。工作了一天，胖胖虎又累又饿。今天的巡逻即将结束，他不由得加快了步伐。

越读越聪明的 数学思维 故事

就在这时，胖胖虎的对

讲机突然响了起来：“警员

胖胖虎请注意，街心公园的

管理员大猩猩报警求助，说

有一只小猴子放学后到街心

10

公园玩滑梯，公园闭园了也

不愿意回家。请你立即去处

理一下。"

胖胖虎赶紧跑到街心公

园，果然看见一只小猴子在

滑梯上玩得正起劲。胖胖虎

走过去，关切地说："小朋

友，你这么晚了还不回家，妈

妈会担心的。"

"我还没玩够呢！"小猴

子哧溜一下从滑梯上滑下来，

又立刻转身，往滑梯上爬去。

胖胖虎把手伸到小猴子

面前，说："来，警察叔叔送你回家，好吗？"

"你连我家住哪儿都不知道，怎么送啊？"小猴子玩得正高兴，他才懒得理胖胖虎呢。

"你把你家的门牌号告诉我，我不就知道了吗？"胖胖虎笑眯眯地对小猴子说。

"那好吧！"小猴子看了胖胖虎一眼，顽皮地说，"我家的门牌号是一个两位数，十位上的数字比个位上的数字大 5，十位上的数字与个位上的数字的和是 9。如果你能算出我家的门牌号，我就自己回家；如果你算不出来，就让我在这里玩个够！"

"看来，你还是个喜欢数学的机灵鬼啊！"胖胖虎微笑着说，"好，咱们一言为定！"

kǎo kao nǐ
考考你

聪明的小朋友，你能
算出小猴子家的门牌号，
让他赶紧回家吗？

yòng liè jǔ fǎ 　 zài liǎng wèi shù li
用列举法。在两位数里，

shí wèi shang de shù zì bǐ gè wèi shang de shù zì
十位上的数字比个位上的数字

dà 　 de shù 　 yí gòng yǒu wǔ gè
大5的数，一共有五个：94、83、

72、61、50，qí zhōng zhǐ yǒu 72 zhè ge shù fú
其中只有72这个数符

hé 　 shí wèi shang de shù zì yǔ gè wèi shang de
合"十位上的数字与个位上的

shù zì de hé shì 9 　 de tiáo jiàn 　 yīn cǐ
数字的和是9"的条件。因此，

xiǎo hóu zi jiā de mén pái hào shì 　 hào
小猴子家的门牌号是72号。

三、爆炸的气球

SAN BAOZHA DE QIQIU

lǎo shān yáng zài sēn lín xiǎo zhèn kāi le
老 山 羊 在 森 林 小 镇 开 了

yì jiā zá huò pù wèi le xī yǐn gù kè
一 家 杂 货 铺 。 为 了 吸 引 顾 客 ,

tā jué dìng jǔ bàn yí cì gòu wù chōu jiǎng
他 决 定 举 办 一 次 " 购 物 抽 奖 "

huó dòng tā zhǔn bèi le gè qì qiú àn
活 动 。 他 准 备 了 10 个 气 球 , 按

gěi měi gè qì qiú xiě shàng biān hào qián
1—10 给 每 个 气 球 写 上 编 号 。 前

shí wèi dào zá huò pù mǎi dōng xi de gù kè
十 位 到 杂 货 铺 买 东 西 的 顾 客 ,

kě yǐ suí biàn tiāo xuǎn yì gēn qì qiú jì shéng
可 以 随 便 挑 选 一 根 气 球 系 绳 ,

shùn zhe jì shéng chōu zhòng jǐ hào qì qiú jiù
顺着系绳抽中几号气球，就

duì jǐ hào jiǎng pǐn
兑几号奖品。

tīng shuō mǎi dōng xi kě yǐ chōu jiǎng sēn
听说买东西可以抽奖，森

lín li de hěn duō dòng wù dōu gǎn lái le
林里的很多动物都赶来了。

zhū dà shěn shì zá huò pù de dì yī
猪大婶是杂货铺的第一

位 顾 客 。 她 抽 中 了 7 号 气 球 ，

得 到 一 袋 大 米 ， 满 心 欢 喜 地

回 家 了 。

小 猴 子 买 了 一 根 棒 棒 糖 ，

抽 中 了 6 号 气 球 ， 得 到 了 一 个

他 最 喜 欢 吃 的 大 西 瓜 。 小 猴

子 把 棒 棒 糖 塞 进 嘴 里 ， 抱 着

大 西 瓜 开 开 心 心 地 走 了 。

小 棕 熊 买 了 一 大 包 零 食 ，

可 他 抽 中 的 1 号 气 球 却 只 能 得

到 一 个 泡 泡 糖 。 不 过 ， 小 棕

熊 还 是 很 高 兴 ， 因 为 这 是 他

得 到 的 第 一 份 奖 品 。

19

"快让开，该我们抽奖了！"狐狸兄弟推开小棕熊，一把扯过气球系绳。狐狸哥哥选中一根系绳，嘴里念念有词道："一定要中大奖！一定要中……"

当狐狸哥哥刚顺着系绳找到抽中的气球时，一件意想不到的事情发生了：心急的狐狸弟弟伸手去抓气球，尖尖的爪子把气球扎爆了。

事情发生得太突然了，大家都没来得及看清气球上的

<ruby>号<rt>hào</rt></ruby><ruby>码<rt>mǎ</rt></ruby>。<ruby>没<rt>méi</rt></ruby><ruby>有<rt>yǒu</rt></ruby><ruby>号<rt>hào</rt></ruby><ruby>码<rt>mǎ</rt></ruby><ruby>怎<rt>zěn</rt></ruby><ruby>么<rt>me</rt></ruby><ruby>兑<rt>duì</rt></ruby><ruby>奖<rt>jiǎng</rt></ruby><ruby>呢<rt>ne</rt></ruby>？

<ruby>老<rt>lǎo</rt></ruby><ruby>山<rt>shān</rt></ruby><ruby>羊<rt>yáng</rt></ruby><ruby>提<rt>tí</rt></ruby><ruby>议<rt>yì</rt></ruby><ruby>狐<rt>hú</rt></ruby><ruby>狸<rt>li</rt></ruby><ruby>兄<rt>xiōng</rt></ruby><ruby>弟<rt>dì</rt></ruby><ruby>重<rt>chóng</rt></ruby><ruby>新<rt>xīn</rt></ruby><ruby>抽<rt>chōu</rt></ruby><ruby>奖<rt>jiǎng</rt></ruby>。<ruby>可<rt>kě</rt></ruby><ruby>是<rt>shì</rt></ruby>，<ruby>狐<rt>hú</rt></ruby><ruby>狸<rt>li</rt></ruby><ruby>兄<rt>xiōng</rt></ruby><ruby>弟<rt>dì</rt></ruby><ruby>却<rt>què</rt></ruby><ruby>一<rt>yì</rt></ruby><ruby>口<rt>kǒu</rt></ruby><ruby>咬<rt>yǎo</rt></ruby><ruby>定<rt>dìng</rt></ruby><ruby>他<rt>tā</rt></ruby><ruby>们<rt>men</rt></ruby><ruby>中<rt>zhòng</rt></ruby><ruby>了<rt>le</rt></ruby><ruby>最<rt>zuì</rt></ruby><ruby>大<rt>dà</rt></ruby><ruby>的<rt>de</rt></ruby><ruby>奖<rt>jiǎng</rt></ruby>，<ruby>要<rt>yāo</rt></ruby><ruby>求<rt>qiú</rt></ruby><ruby>老<rt>lǎo</rt></ruby><ruby>山<rt>shān</rt></ruby><ruby>羊<rt>yáng</rt></ruby><ruby>给<rt>gěi</rt></ruby><ruby>他<rt>tā</rt></ruby><ruby>们<rt>men</rt></ruby><ruby>兑<rt>duì</rt></ruby><ruby>奖<rt>jiǎng</rt></ruby>。

<ruby>狐<rt>hú</rt></ruby><ruby>狸<rt>li</rt></ruby><ruby>兄<rt>xiōng</rt></ruby><ruby>弟<rt>dì</rt></ruby><ruby>和<rt>hé</rt></ruby><ruby>老<rt>lǎo</rt></ruby><ruby>山<rt>shān</rt></ruby><ruby>羊<rt>yáng</rt></ruby><ruby>互<rt>hù</rt></ruby><ruby>不<rt>bù</rt></ruby><ruby>相<rt>xiāng</rt></ruby><ruby>让<rt>ràng</rt></ruby>，<ruby>谁<rt>shéi</rt></ruby><ruby>也<rt>yě</rt></ruby><ruby>没<rt>méi</rt></ruby><ruby>法<rt>fǎ</rt></ruby><ruby>说<rt>shuō</rt></ruby><ruby>服<rt>fú</rt></ruby><ruby>对<rt>duì</rt></ruby><ruby>方<rt>fāng</rt></ruby>，

只好报警，请胖胖虎来主持公道。

胖胖虎赶到老山羊的杂货铺，认真地听了事情的经过，又看了看剩下的6个气球，对大家说："我知道狐狸兄弟抽中的气球是多少号了！"

cōng míng de xiǎo péng yǒu　qǐng nǐ
聪　明　的　小　朋　友　，请　你

zǐ xì kàn kan tú　nǐ zhī dào bào zhà
仔　细　看　看　图，你　知　道　爆　炸

de qì qiú shì duō shao hào le ma　rú
的　气　球　是　多　少　号　了　吗？如

guǒ xiǎng ná dào　hào
果　想　拿　到　10　号

qì qiú　yīng gāi xuǎn
气　球　，应　该　选

nǎ gēn jì shéng
哪　根　系　绳？

A B C D E F

yòng pái chú fǎ shèng xià de qì qiú zhōng
用 排 除 法 ， 剩 下 的 气 球 中

méi yǒu
没 有 1、4、6、7 号 气 球 ， 前 三 位

gù kè fēn bié chōu zhòng le
顾 客 分 别 抽 中 了 1、6、7 号 气 球 ，

suǒ yǐ hú li xiōng dì chōu zhòng de yīng gāi shì
所 以 狐 狸 兄 弟 抽 中 的 应 该 是 4

hào qì qiú
号 气 球 。

yào xiǎng ná dào hào qì qiú kě yǐ
要 想 拿 到 10 号 气 球 ， 可 以

cóng hào qì qiú de dǎ jié chù
从 10 号 气 球 的 打 结 处

cóng shàng wǎng xià lái zhǎo xiàn tóu
从 上 往 下 来 找 线 头 。

rú tú suǒ shì yīng gāi xuǎn
如 图 所 示 ， 应 该 选

jì shéng
系 绳 B 。

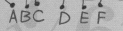

四、整理货物

SI ZHENGLI HUOWU

zài xiǎo zhèn shang xún luó le bàn tiān　　pàng
在 小 镇 上 巡 逻 了 半 天 ， 胖

pang hǔ kǒu kě le　　　　jiù　lái dào lǎo shān yáng
胖 虎 口 渴 了 ， 就 来 到 老 山 羊

de zá huò pù　 xiǎng mǎi píng yǐn liào jiě jie kě
的 杂 货 铺 ， 想 买 瓶 饮 料 解 解 渴 。

　　　　　 wā　　　 lǎo shān yáng de shēng yi zhēn hǎo
"哇 ， 老 山 羊 的 生 意 真 好

a　　　 lǎo shān yáng de zá huò pù qián　　　 lái
啊 ！ " 老 山 羊 的 杂 货 铺 前 ， 来

mǎi dōng xi de dòng wù pái qǐ　 le cháng cháng de
买 东 西 的 动 物 排 起 了 长 长 的

duì wu　　　 pàng pang hǔ xiǎng　　　suàn le　　　　wǒ
队 伍 ， 胖 胖 虎 想 ： 算 了 ， 我

还是到别的地方去买吧！

胖胖虎刚要离开，就听

到杂货铺前的动物们吵闹起来：

"哎呀，你能不能快点儿啊？"

"我都等了那么久了，你

会不会做生意啊？"

胖胖虎走近一看，原来

是小猴子来买盐，可是老山

羊怎么也想不起盐放在什么

地方了，找了半天也没有找

到。后面的顾客们等急了，都

埋怨起老山羊来。

"对不起，对不起啊！"

lǎo shān yáng de liǎn zhàng de tōng hóng hěn bù
老山羊的脸涨得通红，很不

hǎo yì si de duì dà jiā shuō dào qǐng dà
好意思地对大家说道，"请大

jiā zài děng deng wǒ mǎ shàng jiù zhǎo dào le
家再等等，我马上就找到了！"

suàn le wǒ men bú zài nǐ zhèr
"算了，我们不在你这儿

买了！"不知是谁带的头，杂货铺前的动物们一个接一个地离开了，只留下满头大汗的老山羊傻傻地站在柜台内。

胖胖虎仔细观察了老山羊堆放的货物，对他说："你的货物堆放得太杂乱了，我来帮你把货物分类整理一下吧。"

在胖胖虎的帮助下，老山羊把所有的货物分好类堆放整齐，要找什么东西，一下子就能找到了。

kǎo kao nǐ
考考你

lǎo shān yáng de zá huò pù yòu jìn huí
老 山 羊 的 杂 货 铺 又 进 回

lái yì pī huò wù yǒu kuàng quán shuǐ liào
来 一 批 货 物 ， 有 矿 泉 水 、 料

jiǔ qiǎo kè lì cù dòu nǎi bàng
酒 、 巧 克 力 、 醋 、 豆 奶 、 棒

bang táng yán jiàng yóu qì shuǐ bǐng gān
棒 糖 、 盐 、 酱 油 、 汽 水 、 饼 干 。

cōng míng de xiǎo péng yǒu nǐ néng bāng tā bǎ zhè
聪 明 的 小 朋 友 ， 你 能 帮 他 把 这

xiē huò wù fēn bié fàng dào sān pái huò jià shang ma
些 货 物 分 别 放 到 三 排 货 架 上 吗 ?

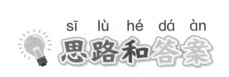

kě yǐ fēn chéng yǐ xià sān gè lèi bié
可以分成以下三个类别：

yǐn pǐn kuàng quán shuǐ dòu nǎi qì shuǐ
饮品——矿泉水、豆奶、汽水，

líng shí qiǎo kè lì bàng bang táng bǐng gān
零食——巧克力、棒棒糖、饼干，

tiáo wèi pǐn liào jiǔ cù yán jiàng yóu
调味品——料酒、醋、盐、酱油。

小棕熊的爸爸去世了，给他留下了三个一模一样的保险柜。

面对装有宝贵财富的保险柜，小棕熊却发愁了——老棕熊只留下了其中一个保险柜的密码，另外两个保险柜

却 没 有 留 下 密 码 ， 无 法 打 开 。

小 棕 熊 没 有 办 法 ， 只 好 打 电

话 到 警 察 局 ， 希 望 能 得 到 警

方 的 帮 助 。

胖 胖 虎 接 到 任 务 后 ， 来

到 小 棕 熊 家 ， 仔 细 观 察 了 三

个 保 险 柜 ， 发 现 每 个 保 险 柜

上 都 贴 着 一 张 纸 条 ， 每 张 纸

条 上 各 写 着 三 个 算 式 。

"保 险 柜 上 面 的 算 式 肯 定

是 破 译 密 码 的 线 索 。" 胖 胖 虎

对 小 棕 熊 说 ， "你 能 告 诉 我 ，

你 爸 爸 留 下 的 是 哪 个 保 险 柜

de mì mǎ ma
的 密 码 吗 ？ ”

dāng rán kě yǐ　　xiǎo zōng xióng ná
“ 当 然 可 以 ！ ” 小 棕 熊 拿

qǐ bǐ　　bǎ zì jǐ zhī dào de mì mǎ xiě
起 笔 ， 把 自 己 知 道 的 密 码 写

zài le yī hào bǎo xiǎn guì de zhǐ tiáo shang
在 了 一 号 保 险 柜 的 纸 条 上 。

37 + 48 =
80 − 38 =
62 − 26 =
密码：
834236

52 − 23 =
29 + 38 =
70 − 34 =
密码：

68 − 24 =
85 − 32 =
71 − 44 =
密码：

wǒ zhī dào lìng wài liǎng gè bǎo xiǎn guì
“ 我 知 道 另 外 两 个 保 险 柜

de mì mǎ le　　pàng pang hǔ zhǐ zhe yī
的 密 码 了 ！ ” 胖 胖 虎 指 着 一

hào bǎo xiǎn guì shang de zhǐ tiáo　　duì xiǎo zōng
号 保 险 柜 上 的 纸 条 ， 对 小 棕

xióng shuō　　nǐ zhǐ yào hǎo hǎo fēn xī yí xià
熊 说 ， “ 你 只 要 好 好 分 析 一 下

shàng miàn sān gè suàn shì hé mì mǎ de guān xì
上 面 三 个 算 式 和 密 码 的 关 系 ，

jiù néng pò yì hòu miàn liǎng gè bǎo xiǎn guì de
就 能 破 译 后 面 两 个 保 险 柜 的

mì mǎ le
密 码 了 ！ "

xiǎo zōng xióng kuài sù de jì suàn chū sān
小 棕 熊 快 速 地 计 算 出 三

gè suàn shì de dá àn yí xià zi jiù míng
个 算 式 的 答 案 ， 一 下 子 就 明

bai le suàn shì yǔ mì mǎ de guān xì tā
白 了 算 式 与 密 码 的 关 系 。 他

bù hǎo yì si de duì pàng pang hǔ shuō yuán
不 好 意 思 地 对 胖 胖 虎 说 ： " 原

lái zhè me jiǎn dān a wǒ zěn me jiù méi xiǎng
来 这 么 简 单 啊 ！ 我 怎 么 就 没 想

dào ne
到 呢 ？ "

cōng míng de xiǎo péng yǒu nǐ
聪明的小朋友，你
néng pò yì hòu miàn liǎng gè bǎo xiǎn guì
能破译后面两个保险柜
de mì mǎ ma
的密码吗？

37 + 48 =
80 − 38 =
62 − 26 =
密码：
834236

52 − 23 =
29 + 38 =
70 − 34 =
密码：

68 − 24 =
85 − 52 =
71 − 44 =
密码：

yī hào bǎo xiǎn guì shang de sān gè suàn
一号保险柜上的三个算

shì dá àn fēn bié shì hé
式，答案分别是 85、42 和 36，

bǎ tā men àn shùn xù lián qǐ lái zhèng hǎo shì
把它们按顺序连起来正好是

bǎo xiǎn guì de mì mǎ yīn cǐ èr
保险柜的密码。因此，二

hào sān hào bǎo xiǎn guì de mì mǎ fēn bié
号、三号保险柜的密码分别

shì
是 296736、443327。

37 + 48 = 85
80 − 38 = 42
62 − 26 = 36
密码：
854236

32 − 23 = 29
29 + 38 = 67
70 − 34 = 36
密码：
296736

68 − 24 = 44
85 − 52 = 33
71 − 44 = 27
密码：
443327

六、小猴子锯木头

LIU XIAO HOUZI JU MUTOU

jǐng chá jú yǒu jǐ zhāng dèng zi huài le
警察局有几张凳子坏了，

dà xiàng jú zhǎng ràng pàng pang hǔ zhǎo gè mù jiàng
大象局长让胖胖虎找个木匠

lái xiū lǐ xiǎo hóu zi de bà ba lǎo hóu
来修理。小猴子的爸爸老猴

zi shì sēn lín li chū le míng de mù jiàng pàng
子是森林里出了名的木匠，胖

pang hǔ jué dìng qù qǐng tā
胖虎决定去请他。

pàng pang hǔ lái dào hóu zi jiā kàn
胖胖虎来到猴子家，看

jiàn xiǎo hóu zi zhèng zài yuàn zi li jù mù tou
见小猴子正在院子里锯木头，

jiù wèn
就 问 ："小 猴 子 ， 你 爸 爸 在 家

ma
吗 ？"

"不 在 ！" 小 猴 子 头 也 不
bú zài　　　xiǎo hóu zi tóu yě bù

tái　　hěn bú nài fán de huí dá dào
抬 ， 很 不 耐 烦 地 回 答 道 。

pàng pang hǔ jiàn xiǎo hóu zi jù mù tou
胖 胖 虎 见 小 猴 子 锯 木 头

de dòng zuò hěn shú liàn jiù wèn nǐ gēn
的动作很熟练，就问："你跟

zhe nǐ bà ba xué mù jiàng huór hěn jiǔ le ba
着你爸爸学木匠活儿很久了吧？"

xiǎo hóu zi méi hǎo qì de shuō guān
小猴子没好气地说："关

nǐ shén me shì
你什么事？"

nǐ shì bú shì yù dào shén me bù gāo
"你是不是遇到什么不高

xìng de shì la kàn dào xiǎo hóu zi yì
兴的事啦？"看到小猴子一

liǎn de bù gāo xìng pàng pang hǔ wèn dào
脸的不高兴，胖胖虎问道，

néng bù néng gěi jǐng chá shū shu shuō shuo yě
"能不能给警察叔叔说说？也

xǔ wǒ kě yǐ bāng zhù nǐ
许我可以帮助你。"

ài xiǎo hóu zi cháng tàn yì
"唉——"小猴子长叹一

kǒu qì zhǐ zhe tā zhèng zài jù de mù tou
口气，指着他正在锯的木头

duì pàng pang hǔ shuō gāng cái wǒ bà ba
对胖胖虎说，"刚才，我爸爸

wèn wǒ cóng yì gēn mù tou shang jù xià yí
问我，从一根木头上锯下一

39

段需要10分钟，如果要把这根木头锯成长度相同的5段，需要多长时间？我说需要50分钟，他就生气了，要我在他回来之前把这根木头锯成5段，然后再回答他刚才问的问题。如果还答不对，就要罚我锯一天的木头！"

"哦，原来是这样啊！"胖胖虎忍不住笑了起来，"这么简单的题你都答错了，难怪你爸爸要生气。"

"我答错了？"小猴子疑

huò de kàn zhe pàng pang hǔ　　　 jù xià yí duàn
惑 地 看 着 胖 胖 虎 ，" 锯 下 一 段

mù tou xū yào 　　　fēn zhōng 　　 jù chéng 　duàn mù
木 头 需 要 10 分 钟 ， 锯 成 5 段 木

tou jiù xū yào gè 　　fēn zhōng 　　nán dào bú shì
头 就 需 要 5 个 10 分 钟 ， 难 道 不 是

　　　fēn zhōng ma
50 分 钟 吗 ？ "

“当然不是！”胖胖虎

说，“遇到这样的问题，你首

先要想一想，把一根木头锯

成5段需要锯几次，然后再计

算需要多少时间。”

小猴子想了想，猛地一

拍脑袋：“啊，我明白了！谢

谢你，警察叔叔！”

考考你
kǎo kao nǐ

聪明的小朋友，你
cōng míng de xiǎo péng yǒu　　nǐ

知道把一根木头锯成 5
zhī dào bǎ yì gēn mù tou jù chéng

段，需要多少时间吗？
duàn　xū yào duō shao shí jiān ma

sī lù hé dá àn
思路和答案

bǎ yì gēn mù tou jù chéng
把 一 根 木 头 锯 成 5

duàn zhǐ xū yào jù cì měi
段 ， 只 需 要 锯 4 次 ， 每

jù yí cì xū yào fēn zhōng suǒ
锯 一 次 需 要 10 分 钟 ， 所

yǐ yí gòng xū yào fēn zhōng
以 一 共 需 要 40 分 钟 。

七、狡猾的老狐狸

QI JIAOHUA DE LAO HULI

"警员胖胖虎请注意，老山羊的杂货铺前有动物吵架，请你过去看看！"

听到大象局长通过对讲机发来的指令，胖胖虎赶紧来到老山羊的杂货铺，只见杂货铺前围满了动物。

"我带了50元钱，买了38
元钱的东西，"老狐狸扬起手
中的2元钱，气愤地说，"老
山羊却只找给我2元钱！"

"你……你要赖！"老山

yáng de liǎn zhàng de tōng hóng guò le hǎo bàn
羊 的 脸 涨 得 通 红 ， 过 了 好 半

tiān cái biē chū yí jù huà lái
天 才 憋 出 一 句 话 来 。

nà jiù qǐng dà jiā lái píng píng lǐ
"那 就 请 大 家 来 评 评 理 ，

kàn kan dào dǐ shì wǒ shuǎ lài hái shi nǐ lǎo hú
看 看 到 底 是 我 耍 赖 还 是 你 老 糊

tu le lǎo hú li duì lǎo shān yáng shuō
涂 了 ！ " 老 狐 狸 对 老 山 羊 说 ，

"你说说看，我刚才是不是拿了两张20元和一张10元出来？"

"是。"老山羊回答。

"我是不是只买了38元钱的东西？"

老山羊点了点头。

"那你是不是应该找我12元钱才对？"

"可是……"

老山羊刚想说话，老狐狸就打断了他："大家都听到了吧？他自己都承认了，我拿了50元钱出来，买了38元钱的

dōng xi tā què zhǐ zhǎo le wǒ yuán qián
东 西 ，他 却 只 找 了 我 2 元 钱 ！ ”

ài zhè lǎo shān yáng què shí lǎo hú
"唉 ，这 老 山 羊 确 实 老 糊

tu le dòng wù qún zhōng chuán lái yí zhèn
涂 了 ！ ” 动 物 群 中 传 来 一 阵

yì lùn shēng dà jiā dōu rèn wéi shì lǎo shān
议 论 声 ，大 家 都 认 为 是 老 山

yáng suàn cuò le zhàng
羊 算 错 了 账 。

tīng le lǎo hú li hé lǎo shān yáng de
听 了 老 狐 狸 和 老 山 羊 的

duì huà pàng pang hǔ hěn kuài jiù fā xiàn le
对 话 ，胖 胖 虎 很 快 就 发 现 了

wèn tí tā duì dà jiā shuō qǐng dà jiā
问 题 。他 对 大 家 说 ："请 大 家

ān jìng yí xià wǒ lái wèn yí gè wèn tí
安 静 一 下 ，我 来 问 一 个 问 题

hǎo ma
好 吗 ？ ”

děng dào rén qún jiàn jiàn ān jìng xià lái
等 到 人 群 渐 渐 安 静 下 来 ，

pàng pang hǔ wèn le lǎo hú li yí gè wèn tí
胖 胖 虎 问 了 老 狐 狸 一 个 问 题 ，

lǎo hú li yì tīng gǎn jǐn bào zhe tā mǎi
老 狐 狸 一 听 ，赶 紧 抱 着 他 买

的东西，灰溜溜地跑掉了。大家这才明白，不是老山羊老糊涂了，而是老狐狸在耍赖。

kǎo kao nǐ
考考你

cōng míng de xiǎo péng yǒu　　nǐ
聪 明 的 小 朋 友 ， 你
zhī dào pàng pang hǔ wèn le lǎo hú li
知 道 胖 胖 虎 问 了 老 狐 狸
yí gè shén me wèn tí ma
一 个 什 么 问 题 吗 ？

pàng pang hǔ wèn lǎo hú li de wèn tí
胖胖虎问老狐狸的问题

shì nǐ fù le duō shao qián gěi lǎo shān yáng
是：你付了多少钱给老山羊？

suī rán lǎo hú li dài le yuán qù mǎi
虽然老狐狸带了50元去买

dōng xi dàn tā zhǐ mǎi le yuán de dōng
东西，但他只买了38元的东

xi fù qián de shí hou zhǐ xū yào fù
西。付钱的时候，只需要付

gěi lǎo shān yáng liǎng zhāng yuán suǒ yǐ lǎo
给老山羊两张20元。所以，老

shān yáng zhǎo gěi tā yuán shì zhèng què de
山羊找给他2元是正确的。

八、谁是第一名
BA SHEI SHI DIYIMING

zhè ge xīng qī tiān bú shàng bān pàng
这 个 星 期 天 不 上 班 ， 胖

pang hǔ lái dào shān jiǎo xià xiū xi tā tǎng
胖 虎 来 到 山 脚 下 休 息 。 他 躺

zài cǎo dì shang yì biān chī dōng xi yì
在 草 地 上 ， 一 边 吃 东 西 ， 一

边晒太阳。

这时，小猪、小猴子和小棕熊也来到了这里。三个小家伙看到胖胖虎面前放着一大堆食物，馋得直流口水。

胖胖虎看见了，就故意逗他们说："我的东西只给跑得最快的人吃！要不，你们去举行一场比赛？谁最先跑到山顶，我就请谁吃东西。"

"你说话可要算数！"三个小家伙兴奋地把手伸到胖胖虎面前，"来，拉钩！"

pàng pang hǔ bèi dòu lè le hǎo
胖 胖 虎 被 逗 乐 了 ： “ 好 ，

lā gōu
拉 钩 ！ ”

yù bèi pǎo pàng pang hǔ
“ 预 备 —— 跑 ！ ” 胖 胖 虎

fā chū kǒu lìng sān gè xiǎo jiā huo sā kāi
发 出 口 令 ， 三 个 小 家 伙 撒 开

tuǐ wǎng shān dǐng pǎo qù
腿 往 山 顶 跑 去 。

guò le yí huìr sān gè xiǎo jiā huo
过 了 一 会 儿 ， 三 个 小 家 伙

mǎn tóu dà hàn de pǎo le huí lái
满 头 大 汗 地 跑 了 回 来 。

胖胖虎问："你们谁跑了第一名啊？"

小猴子对胖胖虎说："我不是跑得最快的，但我比小猪跑得快。你猜猜，我们谁跑得最快，谁跑得最慢？如果你猜错了，就要请我们三个吃东西！"

"怎么，你还要考我啊？"

胖胖虎笑呵呵地说，"行，我就来猜猜你们比赛的结果。"

听了胖胖虎的回答，三个小家伙失望地叹起气来：

"唉——"

"怎么样，我答对了吧？"

胖胖虎笑得更厉害了，"不过，你们都跑得很快，所以我决定请你们三个一起来吃东西！"

"哇！"三个小家伙高兴得蹦了起来。

kǎo kao nǐ
考考你

cōng míng de xiǎo péng yǒu　　nǐ
聪 明 的 小 朋 友 ， 你

néng cāi chū xiǎo zhū　　xiǎo hóu zi hé
能 猜 出 小 猪 、 小 猴 子 和

xiǎo zōng xióng bǐ sài de jié guǒ ma
小 棕 熊 比 赛 的 结 果 吗 ？

思路和答案
sī lù hé dá àn

小猴子跑得不是最快的，
xiǎo hóu zi pǎo de bú shì zuì kuài de

但他比小猪跑得快，所以小
dàn tā bǐ xiǎo zhū pǎo de kuài suǒ yǐ xiǎo

棕熊是跑得最快的，小猴子
zōng xióng shì pǎo de zuì kuài de xiǎo hóu zi

第二，小猪跑得最慢。
dì èr xiǎo zhū pǎo de zuì màn

九、谁是调皮鬼

JIU SHEI SHI TIAOPIGUI

这 几 天 ， 街 心 公 园 的 管
理 员 大 猩 猩 很 郁 闷 ： 一 连 好
几 个 晚 上 ， 公 园 大 门 外 的 路
灯 都 被 砸 碎 了 ， 可 是 他 却 不
知 道 是 谁 砸 的 。 大 猩 猩 没 有
办 法 ， 只 好 请 胖 胖 虎 来 帮 忙 。
胖 胖 虎 问 ： "你 回 忆 一

xià   zhè jǐ tiān wǎn shang dōu yǒu shéi zài gōng
下 ， 这 几 天 晚 上 都 有 谁 在 公

yuán mén kǒu wán a
园 门 口 玩 啊 ？ ”

"哦，对了！"经胖胖虎

这么一提醒，大猩猩立即想

起一件事来，"昨天晚上，我

看见小猴子、小猪和小棕熊

拿着弹弓在公园门口玩。这

三个小子都是有名的调皮鬼，

肯定是他们用弹弓打坏了路灯！"

大猩猩提供的线索很有

价值，胖胖虎决定去问问三

个小家伙。

"我没有打过公园的路

灯！"胖胖虎刚问完话，小

猪就把头摇得跟拨浪鼓似的。

"也不是我打坏的！"为了证明自己的清白，小猴子拉着小棕熊说，"小棕熊可以为我做证，我没有打过路灯。"

"哦，是吗？"胖胖虎问

小棕熊，"那你知道是谁打坏
了路灯吗？"

"这个……"小棕熊犹豫
了一下，指着小猪说，"是他
打坏的！"

"我没有！"小猪急得眼
泪都流出来了，气愤地说，
"你冤枉人！"

三个小家伙都不承认是
自己打坏了路灯，胖胖虎只
好回到警察局，调出了公园
门口的监控录像，发现路灯
果然是三个小家伙中的一个

打 坏 的 。 他 们 在 回 答 胖 胖 虎
的 问 话 时 ， 只 有 一 个 跟 胖 胖
虎 讲 了 实 话 。

知 道 了 打 坏 路 灯 的 调 皮
鬼 是 谁 ， 胖 胖 虎 决 定 去 找 这
个 调 皮 鬼 ，并 和 他 的 家 长 谈 一
谈 ， 要 他 们 主 动 去 公 园 赔 偿
打 坏 路 灯 的 损 失 。

kǎo kao nǐ
考考你

cōng míng de xiǎo péng yǒu
聪明的小朋友，

nǐ zhī dào shì shéi dǎ huài le
你知道是谁打坏了

lù dēng ma
路灯吗？

解决这个问题，我们要注意分析三个小家伙说的话。首先看小棕熊和小猪说的话：小棕熊说是小猪打坏的，小猪却说不是自己打坏的。他们说的话刚好相反，所以他们两个之

中，一定是一个说真话，一个说假话。

因为三个小家伙中只有一个说了真话，所以除去小棕熊和小猪，小猴子肯定说的是假话。小猴子说路灯不是他打碎的，而真实的情况恰恰就是他打碎的。

十、谁是小偷
SHI SHEI SHI XIAOTOU

最近老山羊的杂货铺常
zuì jìn lǎo shān yáng de zá huò pù cháng

常丢东西，老山羊的视力又
cháng diū dōng xi lǎo shān yáng de shì lì yòu

不太好，他
bú tài hǎo tā

没有办法，
méi yǒu bàn fǎ

就在杂货铺
jiù zài zá huò pù

里安装了一
li ān zhuāng le yì

台摄像机。
tái shè xiàng jī

这天，狐狸兄弟到老山羊的店里买汽水。他们一走，老山羊就发现柜台上的火腿肠少了一包。

接到报警后，胖胖虎立即赶到杂货铺，仔细地向老山羊询问了当时的情况，并让他调出监控录像来看。

监控录像显示：狐狸兄弟走进杂货铺，分别站在了老山羊的正前方和右前方。老山羊转身拿东西时，站在他右前方的那只狐狸快速拿起柜台上的一包火腿肠，塞进了手提袋里。

看完录像，胖胖虎立刻来到狐狸家，准备把小偷捉拿归案。可是，狐狸哥哥和狐狸弟弟都不承认是自己偷了老山羊的火腿肠。狐狸兄弟是双胞胎，长得一模一样，

gēn běn wú fǎ biàn rèn shéi shì lù xiàng li nà
根本无法辨认谁是录像里那

zhī tōu huǒ tuǐ cháng de hú li
只偷火腿肠的狐狸。

pàng pang hǔ líng jī yí dòng zhuāng chū
胖胖虎灵机一动，装出

yí fù rèn zhēn sī kǎo de yàng zi shuō
一副认真思考的样子，说：

zhè ge lǎo shān yáng yì zhí hú lǐ hú tú
"这个老山羊一直糊里糊涂

de yě xǔ tā de huǒ tuǐ cháng gēn běn jiù
的，也许他的火腿肠根本就

méi diū shì tā zì jǐ jì cuò le
没丢，是他自己记错了！"

duì duì hú lí xiōng dì lián
"对！对！"狐狸兄弟连

shēng fù hè míng míng shì lǎo shān yáng jì
声附和，"明明是老山羊记

cuò le hái yuān wang hǎo rén
错了，还冤枉好人！"

duì le pàng pang hǔ hǎo xiàng tū
"对了，"胖胖虎好像突

rán xiǎng qǐ shén me lái duì hú li xiōng dì
然想起什么来，对狐狸兄弟

shuō tīng shuō nǐ liǎ dōu hěn huì huà huà
说，"听说你俩都很会画画，

要不你们分别画一幅画送给

老山羊，也许他一高兴就想

起火腿肠放哪里了。"

"好啊！"看到胖胖虎不

再追查火腿肠的事情，狐狸

兄弟一下子轻松了许多，"我

们画什么呢？"

胖胖虎想了想，说："你

们就把刚才在杂货铺看到的

老山羊画出来吧。"

狐狸兄弟立刻拿出纸和

笔，认真地画了起来。

bù yí huìr ，hú li xiōng dì jiù huà
不 一 会 儿 ， 狐 狸 兄 弟 就 画

hǎo le 。hú li gē ge huà de shì lǎo shān
好 了 。 狐 狸 哥 哥 画 的 是 老 山

yáng de zhèng miàn xiàng ， hú li dì di huà de
羊 的 正 面 像 ， 狐 狸 弟 弟 画 的

shì lǎo shān yáng de yòu liǎn xiàng 。 pàng pang hǔ
是 老 山 羊 的 右 脸 像 。 胖 胖 虎

kàn le liǎng fú huà ， zhǐ zhe hú li dì di
看 了 两 幅 画 ， 指 着 狐 狸 弟 弟

shuō shì nǐ tōu le lǎo shān yáng de huǒ tuǐ
说："是你偷了老山羊的火腿

cháng
肠！"

hú li dì di běn lái hái xiǎng dǐ lài
狐狸弟弟本来还想抵赖，

kě shì dāng tā tīng wán pàng pang hǔ de lǐ yóu
可是当他听完胖胖虎的理由

hòu zhǐ hǎo guāi guāi de jiāo chū le zāng wù
后，只好乖乖地交出了赃物，

jiē shòu fǎ lǜ de chéng chǔ
接受法律的惩处。

kǎo kao nǐ
考考你

cōng míng de xiǎo péng yǒu nǐ
聪明的小朋友，你
zhī dào shì nǎ zhī hú li tōu le huǒ
知道是哪只狐狸偷了火
tuǐ cháng ma
腿肠吗？

狐狸哥哥画的是老山羊的正面像，所以他当时站在老山羊的正前方。狐狸弟弟画的是老山羊的右脸像，所以他当时站在老山羊的右前方。因此，是狐狸弟弟偷了老山羊的火腿肠。

十一、猪大婶的手提包

SHIYI ZHU DASHEN DE SHOUTIBAO

pàng pang hǔ xiōng di　　kuài bāng bang wǒ
"胖　胖　虎　兄　弟　，　快　帮　帮　我

ba　　　　　zhū dà shěn jí cōng cōng de pǎo jìn
吧　！　"　猪　大　婶　急　匆　匆　地　跑　进

森林警察局，对值班的胖胖

虎说，"我的手提包丢了！"

"猪大婶，你别着急！"

胖胖虎请猪大婶坐下，"你慢

慢说，怎么回事？"

"今天，我从森林东站乘

早班车去办事。等我办完事

回到家里，才发现手提包不

见了。"猪大婶急得都快哭

了，"手提包肯定是忘在公交

车上了，请你快帮我找找吧！"

胖胖虎立刻给森林公交

公司打了个电话，请他们查

yí xià zhū dà shěn de shǒu tí bāo shì bú shì
一 下 猪 大 婶 的 手 提 包 是 不 是

hái zài chē shang hěn kuài gōng zuò rén yuán
还 在 车 上 。 很 快 , 工 作 人 员

gěi pàng pang hǔ huí diàn huà shuō zhū dà shěn
给 胖 胖 虎 回 电 话 , 说 猪 大 婶

的 手 提 包 还 在 车 上 。 公 交 车

马 上 就 要 进 站 ， 到 时 候 驾 驶

员 会 把 手 提 包 交 到 车 站 ， 请

猪 大 婶 到 车 站 去 取 。

　　胖 胖 虎 挂 掉 电 话 ， 高 兴

地 对 猪 大 婶 说 ： " 你 的 包 找 到

了 ！ 你 现 在 就 可 以 到 车 站 去 取 。 "

　　猪 大 婶 高 兴 地 拉 着 胖 胖

虎 的 手 ， 连 声 说 道 ： " 谢 谢 ，

谢 谢 ！ "

　　猪 大 婶 正 准 备 离 开 警 察

局 时 ， 突 然 想 起 一 个 问 题 ：

" 胖 胖 虎 兄 弟 ， 我 应 该 到 哪 个

chē zhàn qù qǔ shǒu tí bāo ne
车 站 去 取 手 提 包 呢 ？ ”

pàng pang hǔ zhè cái xiǎng qǐ ， sēn lín
胖 胖 虎 这 才 想 起 ， 森 林

xiǎo zhèn yǒu dōng 、 xī liǎng gè chē zhàn gāng
小 镇 有 东 、 西 两 个 车 站 。 刚

cái zhǐ gù zhe gāo xìng ， jìng rán wàng le wèn
才 只 顾 着 高 兴 ， 竟 然 忘 了 问

gōng jiāo chē xiàn zài dào dá de shì sēn lín dōng
公 交 车 现 在 到 达 的 是 森 林 东

站还是森林西站。胖胖虎想

了想，猪大婶乘坐的早班车

是公交车开动的第一趟，它

从森林东站发车开往森林西

站。到了森林西站后，公交

车又会开动第二趟，从森林

西站开往森林东站。按时间

估算，现在应该是公交车开

动的第六趟。

　　"我知道该去哪个车站

了！"胖胖虎拿起警车钥匙，

对猪大婶说，"走，我送你去

车站！"

kǎo kao nǐ
考考你

cōng míng de xiǎo péng yǒu　nǐ
聪明的小朋友，你
zhī dào zhū dà shěn yīng gāi qù nǎ ge
知道猪大婶应该去哪个
chē zhàn qǔ shǒu tí bāo ma
车站取手提包吗？

gōng jiāo chē kāi dòng de dì yī tàng shì cóng
公交车开动的第一趟是从

sēn lín dōng zhàn kāi wǎng sēn lín xī zhàn dì èr
森林东站开往森林西站；第二

tàng shì cóng sēn lín xī zhàn kāi wǎng sēn lín dōng
趟是从森林西站开往森林东

zhàn dì sān tàng shì cóng sēn lín dōng zhàn kāi wǎng
站；第三趟是从森林东站开往

sēn lín xī zhàn
森林西站……

zǐ xì guān chá kě yǐ fā xiàn dāng tàng
仔细观察可以发现：当趟

数是单数时，公交车从森林东站开往森林西站；当趟数是双数时，公交车从森林西站开往森林东站。所以，公交车开动的第六趟，应该是开往森林东站。猪大婶应该到森林东站去取手提包。

十二、贪婪的老狐狸

SHIER TANLAN DE LAO HULI

<pre>
jǐng chá shū shu   qǐng děng yi děng
</pre>
"警察叔叔，请等一等！"

听见喊声，胖胖虎连忙
回头，只见小棕熊喘着粗气
从后面追了上来。

"出……出大事了！"不
等胖胖虎说话，小棕熊拉起
他的手就往回跑。

88

"你别着急！"胖胖虎一

边跟着小棕熊跑，一边问，

"出什么事了？"

"小猪……弄断了……狐狸

兄弟的珍珠项链……"也许是

跑得太累，小棕熊说话有些

上气不接下气，但胖胖虎还

是听明白了：狐狸兄弟把狐

狸妈妈的珍珠项链拿出来炫

耀，小猪不小心把项链的线

扯断了。老狐狸很生气，他

来到小猪家，让猪大婶赔他

100万。猪大婶拿不出那么多

钱，老狐狸就要她拿房子来抵账。

胖胖虎跟着小棕熊来到小猪家，老狐狸正凶巴巴地对猪大婶说："你别光顾着哭！快说，你是拿钱来赔，还是拿房子来抵账？"猪大婶没有回答，哭得更伤心了。

"什么项链值那么多钱啊？"胖胖虎看见地上有个盘子，里面装着被扯断的项链和散落下来的珍珠。

"这是我家祖传了几代的

項　链，当然值那么多钱！"
xiàng liàn dāng rán zhí nà me duō qián

老狐狸理直气壮地说。
lǎo hú li lǐ zhí qì zhuàng de shuō

"项　链上的珍珠找齐了
xiàng liàn shang de zhēn zhū zhǎo qí le

吗？"胖胖虎问猪大婶。
ma pàng pang hǔ wèn zhū dà shěn

"齐了。"猪大婶难过地
qí le zhū dà shěn nán guò de

shuō kě shì wǒ méi bàn fǎ gěi tā chuān
说，"可是我没办法给他穿

huí yuán lái de yàng zi
回原来的样子。"

pàng pang hǔ duì lǎo hú li shuō zhè
胖胖虎对老狐狸说："这

yàng ba wǒ lái bāng nǐ bǎ xiàng liàn shang de
样吧，我来帮你把项链上的

zhēn zhū chuān qǐ lái　　bǎo zhèng gēn yuán lái de
珍　珠　穿　起　来　，　保　证　跟　原　来　的

yì mú yí yàng　xíng ma
一　模　一　样　！行　吗　？　"

　　　　　lǎo hú li xiǎng le xiǎng shuō　xíng
　　　　老　狐　狸　想　了　想　，说　："行　！

zhǐ yào gēn yuán lái de yì mú yí yàng　wǒ
只　要　跟　原　来　的　一　模　一　样　，　我

jiù bú yào tā péi le
就　不　要　她　赔　了　！　"

　　　　　"nà zán men yì yán wéi dìng　"
　　　　"那　咱　们　一　言　为　定　！"

shuō wán　pàng pang hǔ jiù qù mǎi lái yì gēn
说　完　，胖　胖　虎　就　去　买　来　一　根

xiàng liàn xiàn　bǎ sàn luò de zhēn zhū chuān le
项　链　线　，把　散　落　的　珍　珠　穿　了

qǐ lái
起　来　。

cōng míng de xiǎo péng yǒu　　zhè shì
聪 明 的 小 朋 友 ， 这 是

yì jié bèi chě duàn de xiàng liàn　nǐ néng
一 截 被 扯 断 的 项 链 ， 你 能

bāng zhū dà shěn bǎ shèng xià de zhēn zhū chuān
帮 猪 大 婶 把 剩 下 的 珍 珠 穿

qǐ lái ma
起 来 吗 ？

思路和答案
sī lù hé dá àn

仔细观察这截项
zǐ xì guān chá zhè jié xiàng

链可以发现，项链是
liàn kě yǐ fā xiàn xiàng liàn shì

按两颗白珍珠和一颗
àn liǎng kē bái zhēn zhū hé yì kē

黑珍珠的顺序穿起来的。
hēi zhēn zhū de shùn xù chuān qǐ lái de

十三、智斗老狐狸

SHISAN ZHIDOU LAO HULI

pàng pang hǔ xiū hǎo le bèi xiǎo zhū chě
胖胖虎修好了被小猪扯
duàn de xiàng liàn lǎo hú li què shuǎ qǐ le
断的项链，老狐狸却耍起了
lài pí bù xíng zhè tiáo xiàng liàn de xiàn
赖皮："不行，这条项链的线
bú shì yuán lái nà tiáo
不是原来那条！"

nǐ lǎo hú li tài wú chǐ
"你！"老狐狸太无耻
le pàng pang hǔ de fèi dōu kuài bèi qì zhà
了，胖胖虎的肺都快被气炸
le tā zuàn jǐn quán tóu nǔ lì ràng zì
了。他攥紧拳头，努力让自

己 冷 静 下 来 ， 开 动 脑 筋 想 办

法 对 付 老 狐 狸 。 有 了 ！

　　"你 说 得 也 是 ， 项 链 的 线

换 了 ， 跟 原 来 就 不 是 一 模 一

样 的 了 。" 胖 胖 虎 拍 了 拍 老 狐

狸 的 肩 膀 ， "这 样 吧 ， 100 万 也

不 是 小 数 目 ， 你 给 猪 大 婶 一

diǎnr shí jiān ràng tā qù chóu qián péi nǐ
点儿 时 间 ， 让 她 去 筹 钱 赔 你 。"

zhū dà shěn gāng xiǎng shuō huà pàng pang
猪 大 婶 刚 想 说 话 ， 胖 胖

hǔ chòng tā shǐ le gè yǎn sè tā zhǐ hǎo
虎 冲 她 使 了 个 眼 色 ， 她 只 好

bǎ zuǐ ba bì shàng le
把 嘴 巴 闭 上 了 。

hǎo ba wǒ gěi nǐ pàng pang hǔ jǐng
"好 吧 ， 我 给 你 胖 胖 虎 警

chá yí gè miàn zi jiù gěi tā shí tiān shí
察 一 个 面 子 ， 就 给 她 十 天 时

间。十天后，如果她不赔钱，

我就来收房子！"说完，老

狐狸得意地走了。

第二天，胖胖虎拎着两

条大鱼从老狐狸的门前走过。

老狐狸看见胖胖虎手中的大鱼，馋得直流口水："胖胖虎兄弟，把你的鱼卖给我吧！"

"我这鱼可不卖。"胖胖虎装出一副很为难的样子，说，"不过，你可以拿东西来换。"

老狐狸咽了咽口水，问道："你想要什么啊？"

"我想要你一块地。"胖胖虎笑嘻嘻地说。

"一块地？"老狐狸一下子紧张起来，"你想要多大一

kuài dì a
块　地　啊　？　"

　　pàng pang hǔ tāo chū yì zhāng zhǐ 　　duì
　　胖　胖　虎　掏　出　一　张　纸　，　对

lǎo hú li shuō 　　bú dà bú dà 　　zhǐ yào
老　狐　狸　说　：　"　不　大　不　大　，　只　要

yòng zhè zhāng zhǐ néng quān qǐ lái de nà me dà
用　这　张　纸　能　圈　起　来　的　那　么　大

yí kuài dì jiù kě yǐ le 　　"
一　块　地　就　可　以　了　。　"

"用这张纸就能圈起来的

地？"老狐狸乐了，这张纸

看起来比胖胖虎的两只手掌

大不了多少，能圈多大一块

地啊！这个胖胖虎肯定是犯糊

涂了，要不然怎么会拿两条

大肥鱼换一块小到没法用的

地呢？想到这里，老狐狸立刻

答应了胖胖虎的要求。

"咱们还是签个合约吧！"

胖胖虎故意把两条大鱼在老

狐狸面前晃来晃去，说，"要

是你吃了我的大肥鱼又来反

huǐ wǒ kě ná nǐ méi bàn fǎ
悔 ， 我 可 拿 你 没 办 法 。 ”

lǎo hú li jué de zì jǐ zhàn le dà
老 狐 狸 觉 得 自 己 占 了 大

pián yi xiào hē hē de shuō qiān
便 宜 ， 笑 呵 呵 地 说 ： “ 签 ！

qiān zán men xiàn zài jiù qiān
签 ！ 咱 们 现 在 就 签 ！ ”

guò le jǐ tiān dāng pàng pang hǔ ná
过 了 几 天 ， 当 胖 胖 虎 拿

zhe hé yuē lái zhǎo lǎo hú li yào dì shí lǎo
着 合 约 来 找 老 狐 狸 要 地 时 ， 老

hú li què shǎ yǎn le àn zhào hé yuē tā
狐 狸 却 傻 眼 了 ： 按 照 合 约 ， 他

jiù shì bǎ zì jǐ de dì quán gěi pàng pang hǔ
就是把自己的地全给胖胖虎，
dōu hái méi yǒu nà zhāng zhǐ quān de dì dà
都还没有那张纸圈的地大！

lǎo hú li zhè cái míng bai zì jǐ
老狐狸这才明白，自己
zhòng le pàng pang hǔ de jì tā gǎn jǐn xiàng
中了胖胖虎的计。他赶紧向
pàng pang hǔ qiú ráo bìng bǎo zhèng bú zài ràng
胖胖虎求饶，并保证不再让
zhū dà shěn péi tā de xiàng liàn pàng pang hǔ
猪大婶赔他的项链，胖胖虎
cái ráo le tā
才饶了他。

cōng míng de xiǎo péng yǒu　　　nǐ
聪　明　的　小　朋　友，　你

zhī dào pàng pang hǔ shì zěn yàng yòng zhè
知　道　胖　胖　虎　是　怎　样　用　这

zhāng zhǐ qù quān dì de ma
张　纸　去　圈　地　的　吗？

sī lù hé dá àn
思路和答案

胖胖虎拿的这整张纸肯定圈不了多大一块地，所以必须把这张纸尽量变长。胖胖虎把纸剪成细细的长条，用纸条去圈地，就可以圈很大一块地了。小朋友，你也可以在爸爸妈妈的帮助下，试着用剪刀把一张图画纸剪成长条，看看能圈多大一块地。

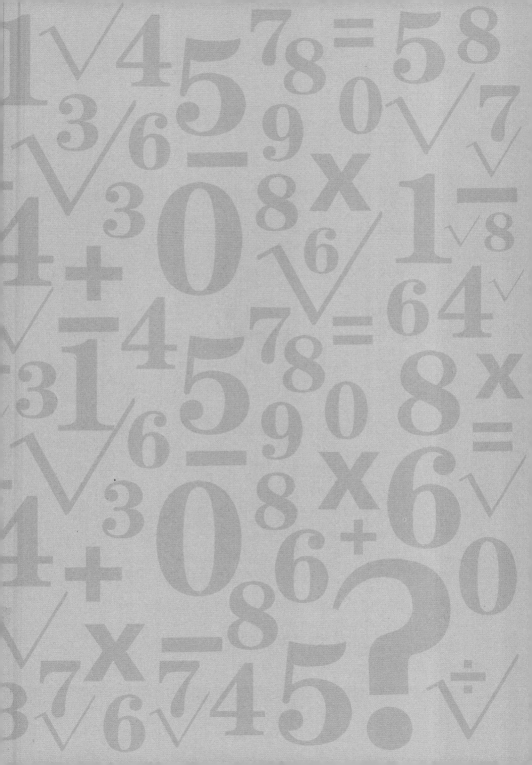

图书在版编目（CIP）数据

胖胖虎数学解谜 / 苏超峰著. —成都：四川少年儿童出版社，2021.6（2022.10 重印）
（越读越聪明的数学思维故事）
ISBN 978-7-5365-9873-7

Ⅰ．①胖… Ⅱ．①苏… Ⅲ．①数学—儿童读物 Ⅳ．①O1-49

中国版本图书馆 CIP 数据核字（2021）第 085614 号

出 版 人	常 青	
策 划	明 琴	
责任编辑	明 琴	
装帧设计	李乐欣	
插 图	阿 咚	
责任校对	张舒平	
责任印制	袁学团	

PANGPANGHU SHUXUE JIEMI

胖胖虎数学解谜

书 名	胖胖虎数学解谜
作 者	苏超峰
出 版	四川少年儿童出版社
地 址	成都市锦江区三色路 238 号
网 址	http：//www.sccph.com.cn
网 店	http：//scsnetcbs.tmall.com
经 销	新华书店
图文制作	喜唐平面设计工作室
印 刷	天津图文方嘉印刷有限公司
成品尺寸	210mm × 147mm
开 本	32
印 张	3.5
字 数	70 千
版 次	2021 年 6 月第 1 版
印 次	2022 年 10 月第 7 次印刷
书 号	ISBN 978-7-5365-9873-7
定 价	25.00 元